有趣的地球

四季科普编委会 编

中原出版传媒集团
中原传媒股份公司
河南电子音像出版社
·郑州·

图书在版编目（CIP）数据

有趣的地球 / 四季科普编委会编. -- 郑州：河南电子音像出版社，2025.6. --（呀！原来是这样）.
ISBN 978-7-83009-533-8

Ⅰ．P183-49

中国国家版本馆 CIP 数据核字第 20256N0P75 号

有趣的地球

四季科普编委会　编

出 版 人：张　煜
策划编辑：贾永权
责任编辑：张晓纳
责任校对：曹　璐
装帧设计：吕　冉　四季中天
出版发行：河南电子音像出版社
地　　址：郑州市郑东新区祥盛街 27 号
邮政编码：450016
电　　话：0371-53610176
网　　址：www.hndzyx.com
经　　销：河南省新华书店
印　　刷：环球东方（北京）印务有限公司
开　　本：787 mm×960 mm　　1/16
印　　张：7.75
字　　数：77.5 千字
版　　次：2025 年 6 月第 1 版
印　　次：2025 年 6 月第 1 次印刷
定　　价：38.00 元

版权所有，侵权必究。

若发现印装质量问题，请与印刷厂联系调换。
印厂地址：北京市丰台区南四环西路 188 号五区 7 号楼
邮政编码：100070　　　电话：010-63706888

目 录

地球是宇宙中的一粒沙 / 1

咦，地球是个滚圆的家伙吗 / 7

地球不停地转，人为什么不头晕 / 13

为什么说地球是一块大磁铁 / 19

地球是哪一天出生的呢 / 26

沧海桑田是神话吗 / 30

真逗，地球是个溏心的"鸡蛋" / 35

大气，是我们呼出来的气体吗 / 40

地底下藏着黑色的"金子" / 46

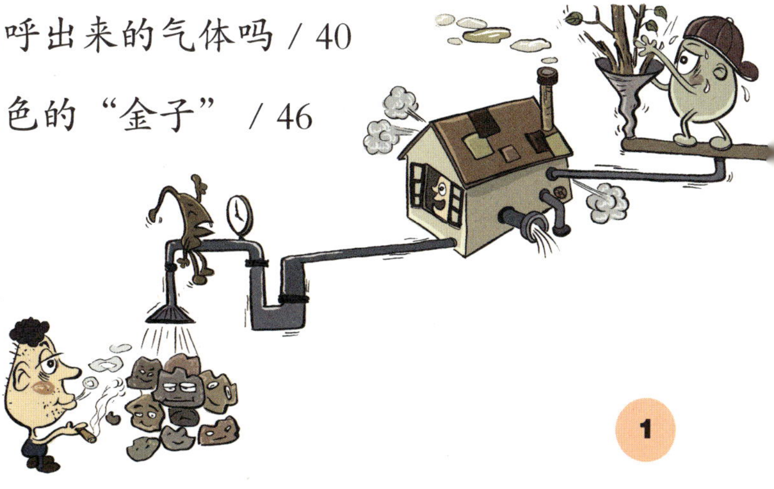

啊？石头里竟然能流出油 / 52

来来来！一起去"人丁兴旺"的金属之家瞧一瞧 / 58

不好，地球发怒了 / 64

空心山的"心"去哪儿了 / 71

雷电真是雷公和电母在"作法"吗 / 77

谁是地球的"美容医生" / 83

是不是给地球起错名字了 / 90

为什么会有白天和黑夜 / 96

暴躁的家伙，说翻脸就翻脸 / 101

春夏秋冬，性格迥异的"四兄弟" / 108

地球上的神秘地带 / 113

地球是宇宙中的一粒沙

天是那么高,地是那么广,还有一望无际的海洋……地球真是太大太大了,我们人类在它面前显得如此渺小。而在宇宙中,地球又太渺小,如同沙漠中的一粒沙。但就是宇宙中这颗体积并不大的星球,竟然孕育出形形色色的生命。地球是怎么形成的呢?带着这个疑问,我们一起去寻根觅源吧!

古老而美丽的神话

在我国古代，人们通过很多自然现象想象着地球的由来。

在几十亿年前，世界还是一片黑暗，混混沌沌的。在这个混沌的世界中，一个名叫盘古的大力士熟睡着。不知过了多少年，盘古终于睡醒了。他睁开眼睛，发现自己生活在混沌之中，十分气愤。他一伸手，手中随即出现一把巨大的斧头。他挥起斧头向混沌劈去，混沌的世界竟被劈开了。

轻浮的东西上浮成为天，沉重的东西下沉凝为地，从此就有了天和地。盘古怕天和地再合并，便头顶着天，脚踏着地，就这样一直立于天地间。又过了几万年，天和地都凝固了，盘古也累得倒下了。他呼出的气体变成风和云；他的左眼变成太阳，右眼变成月亮；四肢变成东南西北四极；躯干变成大山；须发变成星星；血液变成江河；皮肤汗毛变成花草树木；牙齿骨骼变成矿藏……

地球到底是怎么来的

关于地球的由来，自古以来有许多说法。

有人认为，行星是弥漫在宇宙中的物质微粒（星云）在摆脱引力之后凝聚而形成的，日月星辰包括地球都是这么来的。

还有一些人认为，在亿万年前，有一颗彗星曾撞击过太阳，撞击后产生的碎片结合在一起形成了地球。不过现代科学证明，彗星太小，它是不可能将太阳撞出碎片的。

小彗星撞不出碎片，那是不是两个大恒星相撞形成了地球这颗行星呢？有人提出，在亿万年前，两个恒星曾相碰引起爆炸，爆炸物形成了许多行星（包括地球），两个恒星的残余部分结合形成了太阳。

除此之外，还有科学家提出"双星说"等观点。这类观点的共同点是将地球的起源归结为一次偶然的灾难性事件，因此，它们被统称为"灾变说"。

这个观点比较靠谱

20世纪中叶以后，一种关于地球起源的"宇宙大爆炸学说"逐渐被人们所接受。

大约在150亿年前，宇宙中所有的物质都聚集在一起，而且温度极高。时间一长，便发生了巨大的爆炸。爆炸之后，所有的物质开始向外扩散，宇宙便形成了。在这150亿年中，宇宙经过各种变化，逐渐出现了星系团、星系、银河系和恒星、行星、卫星等。

后来，银河系也发生了一次大爆炸，爆炸后的星云碎片和尘埃经过长时间的凝聚后，便形成了地球。之后，地球经过演化，形成地壳、地幔和地核。

人类对地球起源的研究仍在进行，而且越来越接近真相。相信在不远的将来，我们人类一定能够将地球起源的秘密研究得一清二楚。

地球仅是宇宙中的一粒沙

太阳是人类赖以生存的恒星。在万有引力的作用下，八大行星（水星、金星、地球、火星、木星、土星、天王星、海王星）以及它们的卫星，还有彗星等围绕太阳不停地运动，它们共同组成了太阳系。

太阳系虽然包括这么多天体，但它也仅是银河系中小小的一员。银河系内像太阳这样的恒星有1000亿颗以上，除此之外，还有许多星团。在辽阔的宇宙中，还有近百亿个与银河系相似的星系。

因此，你应该知道我们的地球在宇宙中是多么渺小了吧。

咦，地球是个滚圆的家伙吗

在生活中，我们会接触各种球类，比如篮球、乒乓球、足球、棒球、高尔夫球……"球"在我们的脑海中，一般都是圆圆的。那么，我们赖以生存的家园——地球也是一个"球"，它是不是也是圆的呢？古时候，人类就已经开始猜测地球的形状。经过许多年的探索，人类终于搞清楚地球是什么样子的了。想不想知道答案？那就一起去瞅瞅我们可爱的地球吧！

探测地球的漫漫长路

很久以前，人们认为"天圆地方"。毕达哥拉斯最早提出地球是完美的球形的理论。之后，古希腊的亚里士多德及我国的惠施、张衡等人也指出，大地是一个球状体。但是，最后用实际行动证实这一观点的是航海家麦哲伦。

1519年8月，麦哲伦率领一支由5艘帆船和200多人组成的探险队，从西班牙的塞维利亚港启航，开始了环球航行。在经过种种磨难后，麦哲伦的船队穿过印度洋，绕过好望角，最终回到了西班牙，正好绕地球一圈。不幸的是，麦哲伦的200多名队员大多在途中遇难，他本人也未能幸免，仅有18人返回。

这次航行是人类第一次用实践证明：地球的确是圆球状。

咦！地球不是特别圆

1672年，法国天文学家里希尔去南美洲赤道附

近进行天文观测。他携带的一架经过校对的摆钟在赤道附近竟然走慢了，每昼夜约慢2分28秒。当结束考察工作回到巴黎后，那架摆钟又走快了，而且每昼夜恰好快2分28秒。

里希尔深入地研究了这一现象后，提出一个观点：地球不是一个真正的圆球。他推测：摆钟离地球的中心越远，摆动得越慢。因为赤道部分比其他部分离地心要远，或者比其他部分要凸出一些，所以摆钟在赤道摆动会变慢。

为了证实这个观点，科学家曾到赤道和北极去测量。测量结果证明，地球是一个赤道部分稍微凸出的椭圆形的球体。

揭开地球的真实面目

实际上，地球并不是一个形状规则的球体，它的形状是极为复杂的。从其表面的凹凸和海陆分布来看，它有隆起带和凹陷带，整体形状有点像"地瓜"。

近20年来，人们对地球的形状又有了新的说法，称地球的形状有点像梨。"梨身"是鼓起的赤道部分，"梨蒂"是尖尖的北极，"梨脐（qí）"是凹凹的南极。因此，地球被称为"梨形地球"。但这一说法也被许多人质疑，甚至否定。

因此，不管我们的测量方法有多么精确，误差还是避免不了的。另外，地球的形状也并非一成不变的。在今天之前或者之后，地球都有可能是另外一副模样。

地球到底有多大

地球的赤道半径最长，约为6378千米；南北极半径较短，约为 6357 千米，两者相差 20 多千米。由此可见，地球还真的不是一个标准的球体哦！地球赤道处圆周长约为 4 万千米。要是让长跑健将跑一圈，哪怕他日夜不停地跑，也需要将近 3 个月。

地球那么大，它的重量当然不能用秤来称了，不过可以计算出来，它的重量约有 60 万亿亿吨，这是一个什么样的概念啊！真的很难想象。

地球为什么不是奇形怪状的呢

地球为什么是近似圆球形的身材,而不是方形的、三角形的,或者奇形怪状的呢?难不成地球也有爱美之心?

原来,地球形成之后,地壳已经固化,但地幔以下仍然是高温熔融状态,地核处很可能呈高温金属固态。在重力的作用下,轻元素上浮,重元素下沉。各类物质就会从地心向各个方向扩展,一直到地表。为了保持平衡,与地心距离相同的地心两侧必须是密度和重力大致相同的物质,所以地球呈现出圆球形。另外,圆球形也有利于地球不停地转动。

地球不停地转，人为什么不头晕

相信爸爸妈妈早就跟小朋友们说过，地球在不停地转动着。我们要是长时间坐在旋转木马上，一定会被转得晕晕乎乎的，可为什么我们生活在转动的地球上，却没有丝毫头晕的感觉呢？难道是地球施展了魔法，不忍心让人类被转晕？嘿嘿！这究竟是怎么回事呢？一起去研究一下吧！

是谁发现地球在转的

很久以前,"地球中心说"深深扎根于人们的心中,人们都认为地球是宇宙的中心,日月星辰都围绕着地球旋转。当然,也曾有许多唯物主义的哲学家和思想家对"地球中心说"提出了质疑,认为地球是绕太阳旋转的。

天文学家哥白尼冲破宗教和"地球中心说"的束缚,提出了"太阳中心说"。哥白尼指出:宇宙的中心是太阳,而不是地球。地球和其他行星都是绕着太阳转的,而不是日月星辰绕着地球转,绕着地球转的卫星只有月球。地球只是太阳系中的一个行星而已。

随着天文学的发展,我们知道宇宙中有千千万万颗恒星,太阳也只是宇宙中的一颗普通恒星。

奇怪!时间还能倒回去呢

由于地球一直在不停地自西向东自转,所以

在地球东部居住的人们往往比在地球西部居住的人们先看到日出。人们习惯将日出当作新的一天的开始，于是，欧洲人认为新的一天是从自己东边的亚洲开始的，而亚洲人却认为新的一天是从自己东边的美洲开始的。因为没有一个统一的标准，所以，人们也弄不清新的一天到底是从哪里开始的。

在1884年召开的国际经度会议上，各国科学家经过商议，决定在地球上规定一条分界线。这条分界线是世界上统一的新的一天开始的地方，它将新的一天与旧的一天分开，所以叫作人为日界线，又叫国际日期变更线。

国际日期变更线的东部是昨天，西部是今天。你要是从此线的西部穿到东部，就相当于你从今天回到了昨天；如果你从此线的东部穿到西部，则意味着你的昨天还没过完，就一下子到了今天。为了避免国际日期变更线从一些国家穿过导致的不便，该线并不是一条直线，而是一条弯弯曲曲的线。

地球公转是如何发现的

地球除了自转外，还围绕太阳公转，而且速度很快，约110000千米/时。地球以这么快的速度运动着，但是生活在地球上的人类却没有任何感觉，那么，科学家是怎么发现这一现象的呢？

如果我们细心观察的话，就不难发现，不同夜晚的同一时刻，天空中星星的位置都在慢慢发生着变化。在西边夜空出现的行星，每隔一段时间，就会在东边夜空闪烁。

天蝎座在夏末的夜间8点出现在正南方，20多天后，它的位置就会慢慢偏西；再过20多天，它便会接近太阳，和太阳一起西落。这个现象说明地球是在星星之间慢慢移动的，它会从一个星星慢慢接近另一个星星，一年过后，又回归原位。之后，又开始慢慢移动，循环往复。

发生在我们身边的地球自转现象

有一次,谢皮罗教授在倒浴盆里的污水时发现,水在排水口形成了一个逆时针的漩涡。之后,他又留心观察,发现漩涡旋转的方向始终是逆时针的。经过反复思考,他认为这是地球自转引起的。他推论,北半球的水在排水口形成的漩涡一定都是逆时针的,而南半球的漩涡方向一定是顺时针的。事实证明,他的推测是正确的。

不只这些,北半球的火车轨道右轨总是比左轨磨损严重,北半球河流流向的右岸总是被冲刷得更为厉害。

这些现象都是地球自转的结果。因为站在地球北极的上空来看地球,地球是按逆时针方向自转的;而站在地球南极的上空来看地球,地球是按顺时针方向自转的。

为什么说地球是一块大磁铁

相信小朋友都玩过磁铁，拿着它可以吸附小铁钉或大头针之类的铁质品。我们出去郊游时，有时会随身携带指南针，用它来指示方向。为什么磁铁能吸附铁质品呢？为什么指南针总是指向南方呢？也许你会脱口而出：因为它们有磁性。那什么是磁性？这个问题可难倒你了吧？那我们就一起去找寻答案吧！

什么是磁性

说到磁性，人们往往会想到能吸附铁质品的磁铁。不错，磁铁就是因为具有磁性，才能吸引其他磁性物体，或被其他磁性物体所吸引。

当你把一根条形磁铁放到铁屑堆里滚一下，再拿出来时，你会发现这么一个奇怪的现象——在条形磁铁的两端有许多铁屑，而条形磁铁的中部却几乎没有。这又是怎么回事呢？原来，磁铁两端的磁性是最强的，越靠近中间部分磁性就越弱。所以，人们把磁铁两端磁性最强的地方叫作磁极。

现代指南针的红色端统一标记为磁针的北极

（N极）。由于地球的地理北极实际上是地磁场的南极（异名磁极相互吸引），因此红色指针会指向地理北方。地球的磁场类似于条形磁铁，地磁北极位于地理南极附近，地磁南极位于地理北极附近。指南针的北极（红色端）受地磁场吸引，指向地磁南极（即地理北极）。

如果我们将一根条形磁铁从中间截断，变成两个较短的条形磁铁，截断部分就又形成了新的磁极，不管截到多小都是如此。也就是说，一个磁体可以无限地分割为许多小磁体。是不是很有趣呀？不信的话，你可以试试哦！

世上怎么会有这么奇怪的现象呢

在我国古代，我们的祖先就会使用磁针了，磁针始终指向南北方向。后来，根据磁针指向南北这一重要现象，1600年，英国人吉尔伯特说地球其实就是一个大磁体，他认为地球的两个磁极分别在地理南极和地理北极附近。根据不同磁极互相吸引、相同磁极互相排斥的原理，当磁针自由转动时，它的两端便会分别指向地磁南极和北极。

后来，科学家经过观测研究，证明这种看法是正确的。地球确实是一个巨大的磁体，在它周围存在着一种强大的磁场，也就是地磁场。

磁极也要去旅游

大约 300 年前，人们就发现了地磁场的变化，还将地球南北两极的缓慢变化称为"地极移动"。

在大约几亿年的时间里，地球磁场的强度没有太大变化。但是，地磁场的方向却一直在慢慢移动。后来又发生了某种激烈的变化，终于将原来的北极磁场变成了南极磁场，将原来的南极磁场变成了北极磁场。地磁场的方向移动速度非常慢，大约经历几十万年的移动后，才发生一次地磁场的倒转。

人们对不同时期的全球磁场进行测量后发现：5亿年前，北极磁场在地球赤道附近；1.7亿年前，北极磁场曾在西伯利亚；后来，北极磁场还曾到朝鲜和非洲"旅游"过。有人认为，在200年后，指南针将会变成"指北针"，它的针头会准确地指向北方。也就是说，地球的北极磁场将与地理北极"见面"。不过，在短暂的"相会"后，北极磁场会立刻与地理北极"分别"，继续按自己的特定路线"旅游"。

地磁还是地震的报警器呢

地震是一种可怕的自然现象，它会毁坏人类的家园，甚至威胁人类的生命。如果人们能预测地震的到来，不就可以减少地震造成的危害了吗？的确如此。其实，通过观察地磁场的变化就可以预报地震。这是因为在地震前后，地磁场会产生相应的变化。

1970年，云南发生7.8级地震前，当地半导体收音机的音量突然减小，并且伴随大量的杂音，在震前几分钟这种现象尤为明显,后来声音竟然突然中断。这些现象就是地震前地磁场发生变化引起的。

人们逐渐掌握了这个规律后,发明了许多仪器,用于监测震前地磁场的异常波动,以便更好地进行地震预报,减少地震对人类的危害。

猜猜看

动物是怎么找到家的

素有"和平之鸟"之称的鸽子深受大家的喜爱,它不仅有超强的飞行本领,而且还有超强的记忆力呢!鸽子凭借它的记忆力,可以从1000多千米外的远方飞回家中。不过要是在它腿上绑一小块磁铁,它顿时就失去了方向感,会漫无目的地乱飞。要是绑一个铜块,却丝毫不会对它的"回家之旅"造成任何影响。可见,磁场对于鸽子等鸟类辨认方向是不可或缺的。

地球是哪一天出生的呢

小朋友，你的生日是哪一天呢？你知道爸爸妈妈的生日吗？可别以为只有我们人类有生日，其实，地球上的万事万物都有自己的生日。就像你的学校、你家的房子，还有你家的小猫小狗……它们都有生日。地球孕育了我们这个美丽的世界，那它的生日是哪一天呢？这还真是个大难题。我们就赶紧去计算一下，看看地球母亲多少岁了吧！

地球的年龄还真难算出来

不知道地球的生日，又该怎样计算地球的年龄呢？自古以来，曾出现过许多计算地球年龄的方法，但是彼此计算出来的年龄相差很大，至今没有定论。后来，人们在计算中发现，地球不可能是在某一时刻突然形成的。它的形成需要很长的时间，是一个极为漫长的过程。

地球的形成需要宇宙尘埃、星际物质、大小陨石等原始材料。这些材料从聚积，再到形成地球，经历了3亿～10亿年。地球的雏形形成后，又经过漫长的时间，才演化为较为完整的原始地球。之后，原始地球上出现了地壳、海洋等。又经过一段相当长的时间，地球才有了与现在大致相同的表面温度。

用海洋能推算出地球的年龄吗

小朋友，我们都很想知道地球的年龄，那么地球的年龄究竟该从何时开始算起呢？

由于海洋出现在地球上的时间比较早，所以现在就有人用海洋来推算地球的年龄。

我们都知道，海洋中含有大量的盐。这些盐是陆地的降雨冲刷地表，地球土壤和岩石中的盐随雨水流进大海而形成的。有人说，海水中的总含盐量约1.6亿亿吨，每年从陆地流失的盐分约是1.6亿吨。用每年全世界河流带入海中的盐量，去除以海中现有的总盐量，不就可以计算出积累这些盐分所需要的时间了吗？计算的结果是大约1亿年。人们又根据海洋中的沉积物来计算地球的年龄。沉积物随着时间的推移会变成沉积岩，每3000～10000年可以形成1米厚的沉积岩。地球上最厚的沉积岩约有100千米，经过计算，形成这些沉积岩需要3亿～10亿年的时间。

上述结论显然不是地球的真实年龄，因为在海洋和沉积物出现之前，地球早就形成了。看来，根据海洋还是无法推算出地球的年龄啊！

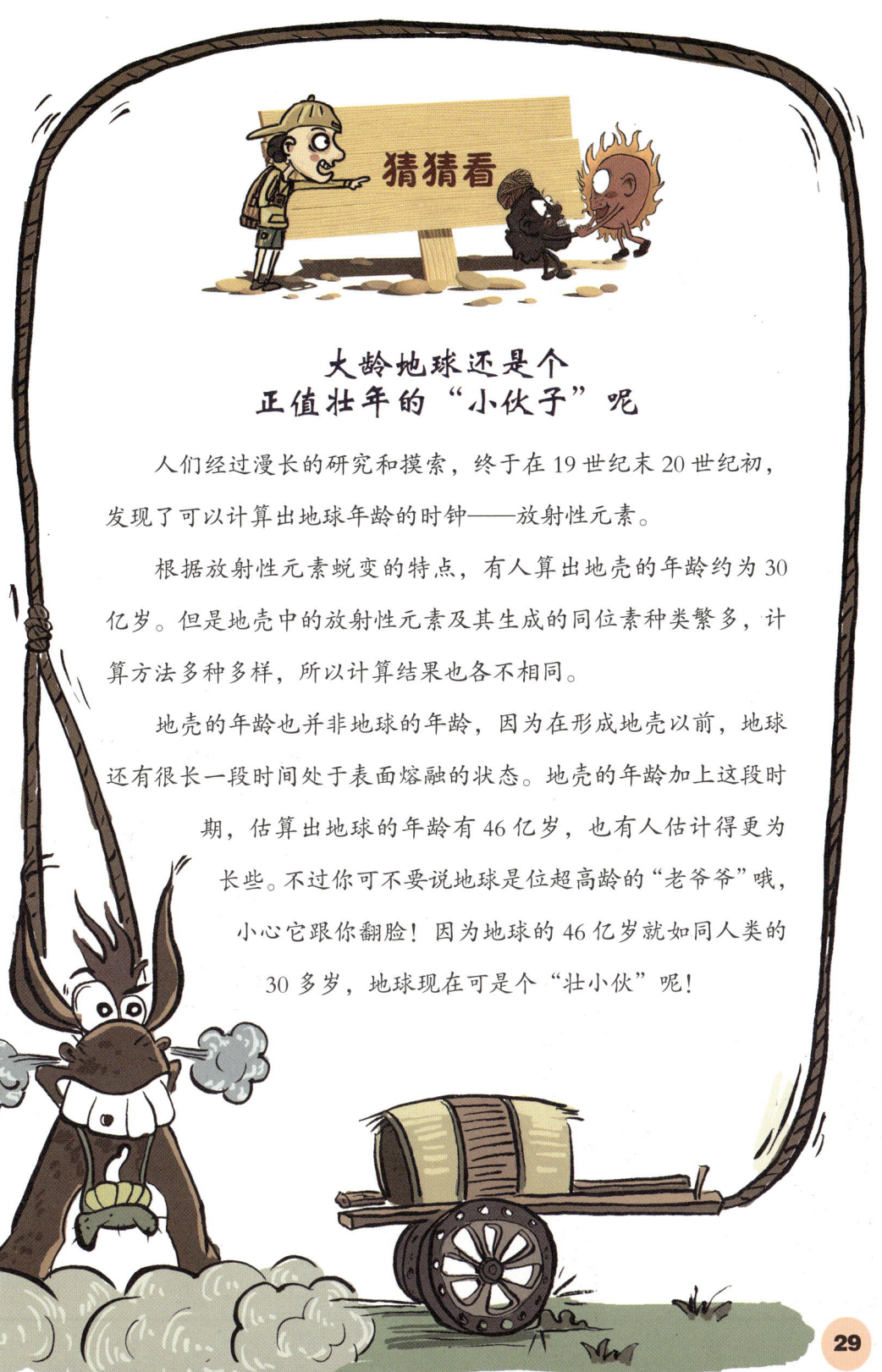

大龄地球还是个正值壮年的"小伙子"呢

人们经过漫长的研究和摸索，终于在19世纪末20世纪初，发现了可以计算出地球年龄的时钟——放射性元素。

根据放射性元素蜕变的特点，有人算出地壳的年龄约为30亿岁。但是地壳中的放射性元素及其生成的同位素种类繁多，计算方法多种多样，所以计算结果也各不相同。

地壳的年龄也并非地球的年龄，因为在形成地壳以前，地球还有很长一段时间处于表面熔融的状态。地壳的年龄加上这段时期，估算出地球的年龄有46亿岁，也有人估计得更为长些。不过你可不要说地球是位超高龄的"老爷爷"哦，小心它跟你翻脸！因为地球的46亿岁就如同人类的30多岁，地球现在可是个"壮小伙"呢！

沧海桑田是神话吗

沧海桑田的意思是：海洋变成农田，农田变成海洋，一般用来比喻世事变化很大。你肯定要问了，海洋怎么会变成农田呢？农田又怎么会变成海洋呢？如果真是这样的话，那我们现在生活的地方在几万年之后，或者几亿年之前会不会就是一片汪洋大海呢？不是吓唬你，的确很有可能哦！为什么会出现这么大的变化？到底是谁在捣鬼呀？快去找找这个捣蛋鬼吧！

沧海桑田，谁与争锋

在阿拉伯学者的一部著作中，有这么一则寓言：

一天，长寿者季德滋经过一座繁华的古城。他问一个人："这座古城建立多久了？"此人摇摇头，说道："不知道，就连我们的祖先也不知道它建立多久了。"

500年以后，季德滋又到了那里，可是却看不见一点儿那个古城的遗迹，只有大片大片的荒地。季德滋看见一个正在割草的农夫，便问他："这个城市毁灭多久了？"农夫瞪大眼睛说："你可真奇怪！这里一向如此。我们的祖先从来没说过这里有什么古城。"

500年后，季德滋又回到了那里，却只见一片汪洋大海。季德滋就问海边的渔民："这里何时变成大海的？"渔民答道："这个地方一向如此。"

又过了500年，当季德滋再回到那里时，却看见了一座比第一次看见的古城还要繁荣的城市。当季德滋向居民问起此城的起源时，居民们同样回答："就连我们的祖先也不知道它建立多久了。"

我们身边的沧海桑田

上面的寓言看起来不可思议，但是，沧海桑田并非神话。

几万万年以前，我国的首都北京所在的地方就曾是一片汪洋。不信的话，你可以去京郊找寻一番，有些地方还保留着海洋的痕迹呢！

有研究认为，长江下游长三角地区曾经历巨大的海陆变迁。在距今约1万年前，现在的苏州和上海等地都在海平面以下，由于长江携带的泥沙不断沉积，逐渐形成冲积平原，曾经的"沧海"变成了"桑田"。

还有人研究发现，平均海拔约3千米的阿尔卑斯山在1.5亿年前，也曾是一片汪洋，后来随着海底沉积层被挤压、抬升，最终形成了山脉。

历史上还有过多少这样"翻天覆地"的变化，

谁也说不清楚。

"大陆漂移"说

沧海桑田的原因还有"大陆漂移"之说。现在已有许多证据表明，大陆不仅漂移过，而且至今仍在漂移，只是漂移的速度极为缓慢，所以很难觉察到。到底是什么力量使大陆发生漂移的呢？

原来，地壳下面是地球的中间层，叫地幔。因为地幔层的压力和温度极高，所以它不像岩石那样坚硬；再加上地幔上部和下部的温度不同，所以地幔的物质就会缓慢流动。正是因为地幔物质的流动，才造成了大陆的漂移。

地壳虽是由岩石构成的，但是它的比重比地幔物质的比重小，所以总是"漂浮"在地幔上面，地幔物质的流动也会让"漂浮"在其上的地壳进行漂移。

小朋友，现在知道了吧？造成沧海桑田的捣蛋鬼就是流动着的地幔。

喜马拉雅山也曾是海洋吗

喜马拉雅山脉是世界上海拔最高的山脉,科考人员在青藏高原进行科学考察时发现了原本生活在海洋中的鱼龙的化石,展示了青藏高原"沧海变雪山"的环境变迁。原来在印度洋板块和亚欧板块的巨大撞击下,海洋底部的地壳被挤压、抬升,最终形成了壮丽的喜马拉雅山脉。这个过程经历了亿万年,是地球动荡演变的缩影。

真逗，地球是个溏心的"鸡蛋"

小朋友每天都要吃鸡蛋，保证身体的营养所需。煮好的鸡蛋，我们慢慢剥壳，然后咬一口，会发现鸡蛋由三部分组成：蛋壳、蛋白和蛋黄。那你们知道吗？我们的地球也跟鸡蛋一样，由三部分组成，而且它也有壳，也有心。很好奇吧？那我们就一起去看看地球的构造吧！

快来看看地球的鸡蛋结构吧

我们知道地球是个"圆球体",但它不像篮球一样是空心的,也不像铅球一样是均质体,而是由若干个圈层组成的。地球的结构很像鸡蛋,从外向里大致分为三层:地壳、地幔和地核。

地壳是地球最外面的一层硬壳,很像鸡蛋的外壳。地壳的厚度是极不均匀的,平均厚度约为33千米。海洋下面的地壳较薄,最薄处仅有5千米;大陆的地壳较厚,最厚处可达70千米。地幔是从地壳往下到约2900千米深处的一层,相当于鸡蛋白。地核是从地下约2900千米处直到地心的部分,相当于鸡蛋黄。

这些也只是人类对地球构造的大致了解,究竟地球内部是怎样一种情况,恐怕只有钻进脚下几千千米的地下去才能知道,但是目前的技术还无法实现。

地壳的家庭成员

地壳的家庭成员主要是各种固态的岩石，不过这些岩石却不尽相同，主要有岩浆岩、沉积岩和变质岩三大类。地壳表面几乎3/4都是沉积岩，但是距地面越深，沉积岩越少，岩浆岩和变质岩分布越广。

岩浆岩是地幔中炽热的岩浆沿着地壳中的裂缝，上升到地壳中（或喷出地表后）冷凝而成的岩石。岩浆岩一般呈块状，建造人民英雄纪念碑所使用的花岗岩就是岩浆岩的一种。

沉积岩最明显的特点就是呈层状。我们用来烧石灰的石灰岩，还有用来做磨刀石的砂岩，都属于沉积岩。

变质岩是原先已存在的各种岩石经过地壳变动或高温高压的作用，发生物质成分迁移和重新结晶而形成的岩石。新形成的岩石与原来岩石的性质完全不同。大理石就是由石灰岩变质而成的变质岩。

呀！地幔好烫啊

地幔介于地壳和地核之间。地幔的体积约占地球总体积的 4/5，质量约占整个地球的 3/5。地幔高温高压，其中的物质多为滚烫的岩浆。我们不能直接看到地幔，不过当火山喷发时，我们可以看到其岩浆"产品"。

地幔分为两层：上层距离地面 33 千米～900 千米，主要成分有硅、氧、铁、镁和铝等，温度在 1300 ℃ 左右，物质状态多为固态结晶质；下层距离地面 900 千米～2900 千米，物质成分有硅酸盐、金属氧化物和硫化物等，温度在 1700 ℃ 左右，物质状态多为非结晶状态。

地下为什么会钻出热气腾腾的水呀

温泉对于大家来说一定不陌生,它从地下汩汩冒出,不用加热,水温就能达到几十摄氏度,在里面泡澡是再舒服不过的了。我国云南腾冲市的热海,底部水温更高,要是煮个鸡蛋,几分钟就熟了。那地下为什么会钻出这么热的水呢?

原来,温泉底下是个"大热库",温泉就是被这个"大热库"加热的。那地下为什么会有那么高的热量呢?地球内部存在大量的热能,这些热量会不断地向地表传导,在一些地质条件合适的地方,如断裂带、火山活动区等,热量更容易上升至地表附近。地下存在岩浆囊或岩浆通道的地方,拥有更多的热能。岩浆是高温熔融物质,其温度可高达数千摄氏度,岩浆散发的热量可以使周围的地下水升温,形成温泉。

大气，是我们呼出来的气体吗

我们每时每刻都要呼吸，那你知道我们吸进去和呼出来的都是什么气体吗？你有没有想过，为什么地球上会有大气呢？地球大气中都有哪些气体呢？这些大气会不会用完呀？接下来，咱们就去一一解答这些问题吧！

地球大气的"孩子"们

大气有许多孩子，其中氮、氧、氩和二氧化碳是大气家庭中的主要成员。除此之外，还有氖、氦、氢、一氧化碳和臭氧等气体。

氮气是空气中的老大，是空气中含量最多的气体，约占大气总体积的78%。我们知道，蛋白质是生命最重要的组成部分，而氮则是蛋白质的主要成分。所以，氮的作用不可小觑（qù），没有它，哪来的生命？

我们吸进去的气体主要是氧气，氧气约占大气体积的1/5。如果大气中的氧气稀薄，我们呼吸就会很困难，甚至会因此丢掉性命。

我们呼出去的气体主要是二氧化碳，它对地球有很重要的保护作用。不过大气中的二氧化碳含量增多，会导致"温室效应"。

没有大气的日子是什么样的

包裹着地球的大气，就像是地球的一件外衣，它保护着地球上的生灵，使它们安然生存。假如没有了这层大气，这个世界又会是怎样一派景象呢？

如果没有大气，人类和其他吸氧动物便不能呼吸；早晨的太阳便不再发红，毒辣辣的阳光会将向阳的地方照得格外刺眼，而阳光照不到的地方则会是漆黑一片；太阳刚一落山，世间就立刻变得伸手不见五指；白天，地面被烤得滚烫，而夜里却要比现在的南极还要冷。

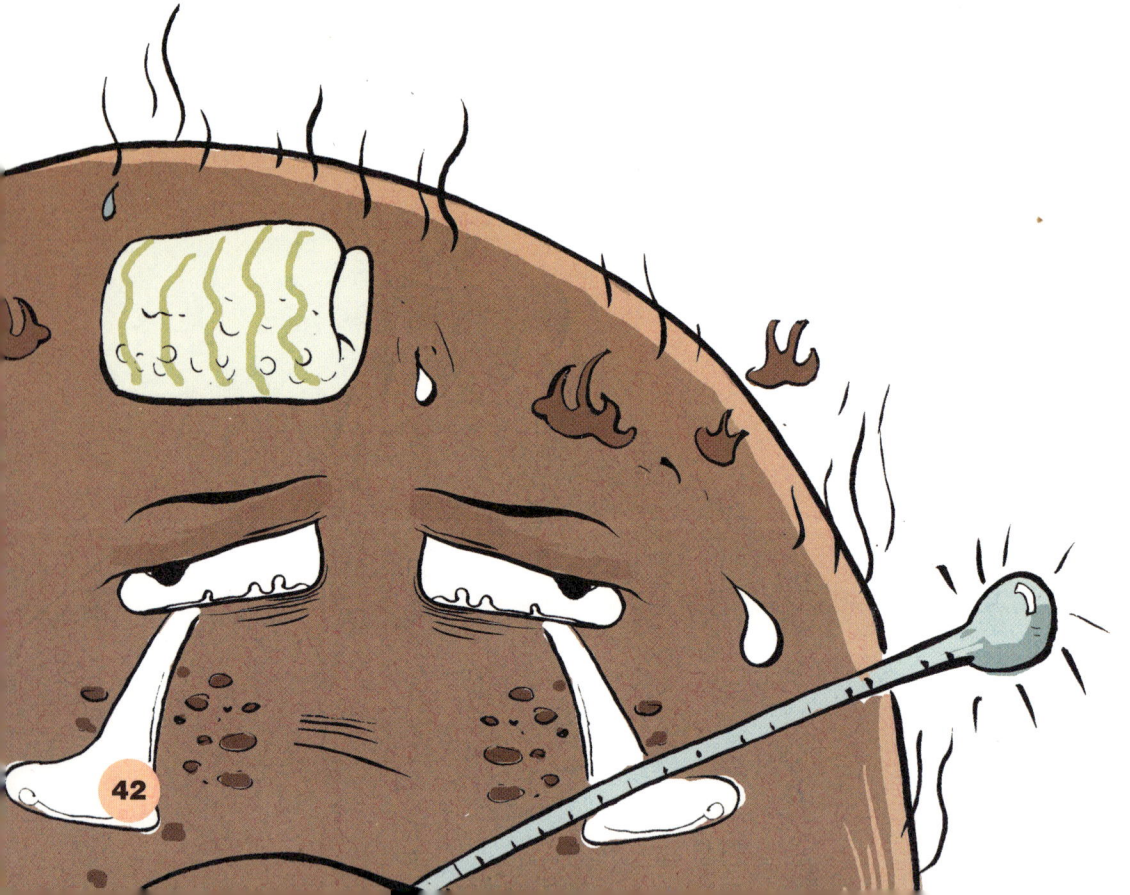

如果没有大气，就连陨石也会欺负我们的地球，比山还大或者比玻璃球还小的流星都会撞击地球；声音也失去了传播介质，无论你身边有多大的声音，你都不会听到；太阳的紫外线也会把地球上的生物毁灭。

没有大气，地球上就不会有任何生命，也不会有海洋。

氧气用完了咋办

地球上，不仅人类，无数的动物，以及不进行光合作用的非绿色植物每时每刻都在吸入氧气，呼出二氧化碳。最近几十年，工业越来越发达，大气中二氧化碳的含量大幅增加。对森林的乱砍滥伐又使绿色植物释放的氧的总量大量减少。种种因素综合起来，我们的地球会不会没有了氧气，到处充满二氧化碳？氧气用完了怎么办？

其实，无须这么担心，地球上除了大气中有氧之外，在海洋中也存在大量的氧。呼吸作用和燃烧化石燃料等消耗的氧与光合作用输出的氧大致是平衡的。另外，大气中的氧含量是极高的，即使没有光合作用产生氧气，大气中的氧也足够地球生物消耗至少2000年。近年来，森林面积也在逐渐增加，工业污染等问题也在慢慢解决，氧气减少、二氧化碳增加的趋势已得到遏制。所以，氧气是不会用完的，地球依旧会生机勃勃。

人见人爱的臭氧层

氧气，人们比较熟悉，可对于它的兄弟——臭氧，人们就不太了解了。臭氧层集中分布在地球大气的平流层，但是其浓度并不大，只有薄薄的一层。就是这薄薄的一层臭氧，吸收了约90%的太阳紫外线。如果大气中的臭氧减少1%，辐射到地面的紫外线就会增加2%，人类患皮肤癌的概率就会增加4%。

20世纪80年代初，科学家观测发现，南极上空每年春季臭氧含量比之前有大幅度下降，并将这一现象称为"臭氧空洞"。"臭氧空洞"的出现，表明臭氧层被破坏，臭氧含量减少。

为了保护臭氧层，国际社会共同合作，一些保护措施的有效实施，使得"臭氧空洞"开始缩小，在全球范围内避免了数百万例可能由紫外线带来的人类疾病，如皮肤癌、白内障等。另外，保护臭氧层还减缓了气候变化。

地底下藏着黑色的"金子"

提起金子，人们首先会想到黄金，那你见过黑色的"金子"吗？这种黑色的"金子"是我们日常生活的必需品，也是工业的食粮。说到这里，想必聪明的你一定想到它是什么了。对，它就是黑黑的煤。那你知道煤是从哪儿来的吗？它又是怎么形成的呢？我们怎样才能找到隐藏在地底下的煤呢？继续往下看，答案很快就能找到！

原来植物是煤的"近亲"

人们在开采煤的时候,经常能在一些煤层中发现植物的痕迹。于是人们就想,煤是不是由植物变的呢?

在我国阜新煤田的煤层中,人们曾发现了形似树干的煤,而且在它们的横断面上还能清晰地看到一圈圈的年轮。在抚顺西露天煤矿开采煤时,人们经常能看到大量植物的化石。有些化石特别奇怪,树皮已经成了黑黑的煤,可树的内部却成了石英。

经过仔细研究发现,植物的化学组成与煤的化学组成基本相似。碳、氢、氧、氮这四种元素占绝大部分,煤只比植物多含了一些碳、少含了一些氧而已。

植物是如何"攀亲"的

绿油油的植物怎么会变成黑黑的煤呢?是不是觉得很奇怪呀?其实,植物想和煤攀上亲戚也不是件容易的事，这需要好多条件呢！

要是植物死亡之后露在地面上，那它只能被细菌和真菌分解为二氧化碳、水和无机盐，归还到无机环境中。这种情况下，植物是根本变不成煤的。

要是植物的遗体掉入水中，被浸在水下，同空气隔绝，或者由于其他条件不能充分与氧接触，喜氧微生物就不会将植物遗体完全分解，植物就不会很快烂掉，而是慢慢地形成植物堆积层。这时，厌氧微生物该上场了。它们会与植物堆积物发生化学反应，生成腐殖酸、沥青质等，最后植物遗体就变成黑褐色淤泥状的泥炭。这就是大自然造煤的第一阶段——泥炭化作用阶段。植物终于如愿以偿，和煤攀上了亲戚。

煤终于"长大成人"了

植物变成泥炭之后，由于地壳的运动，泥炭地带慢慢下沉，大量的黏土和泥沙覆盖到泥炭上，泥炭就被越埋越深，藏在了地底下。地底下越深的

地方温度和压力就越大,在温度和压力的双重作用下,泥炭最终变成了煤。这就是煤化作用阶段。

由于煤化作用变质程度的不同,便会形成褐煤、烟煤和无烟煤等。它们是植物成煤过程中不同阶段的产物,其光泽、硬度以及含碳量等都各不相同。

黑黑的煤还有个"远亲"呢

黑黑的煤还真是不简单,除了近亲,还有一个地位极高的远亲呢!我要是说出这个远亲的名字,你一定会特别纳闷,因为煤的远亲就是太阳。奇怪

了！它们怎么会沾亲带故呢？

原来，煤是由植物变成的，植物要想健康成长就必须通过光合作用吸收太阳光的能量。也就是说，植物成长的过程就是它通过光合作用不断积聚太阳能量的过程。等植物变成煤，并作为燃料燃烧时，会放出大量的热量，这些热量就是植物通过光合作用积聚起来的太阳能。

我们知道，植物变成煤是一个漫长的过程，所以今天埋藏在地底下的煤，是千万年前的古代植物变成的。当然，今天的植物在经过千万年之后，也会为我们的后代提供大量的煤炭资源。

怎样才能找到黑色"金子"呢

煤深埋在地下,大地这么辽阔,我们该怎样找到它们呢?只有掌握了植物成煤的规律和地质特征,再根据前人找煤的经验,我们才能找到煤。

首先,找煤层露头。由于地壳运动,煤层可能露出地表(露出地表的煤称为煤层露头)。煤层露头一般呈黑线状,是找煤的最好标志。煤层露头长期暴露在外,易被氧化而自燃。其自燃后会放出烟,也可以将周围的岩石烤焦,所以有些煤层露头可能呈红色或淡黄色。找到煤层露头,便可以找到煤层了。

其次,找含有植物化石的沉积岩。煤层里一般都有古代植物的遗体和痕迹,如植物的根、茎等。如果能找到含有植物化石的沉积岩,也极有可能找到煤层。另外,还可根据水中的小煤屑去寻找煤藏地。

啊？石头里竟然能流出油

油在我们的生活中是极为常见的,我们每天都要用食用油炒菜,交通工具也离不开汽油、柴油和润滑油等,工业生产就更离不开油了……小朋友,我们知道食用油是从植物中提炼出来的,那汽油、柴油等是从何而来的呢?也许你们会抢答:它们是从石油中提炼出来的。那石油又是从哪里来的?也许你们会说:石油是从石头里流出来的。答案是否正确呢?我们一起去验证一下吧!

石油长啥样

汽油、柴油都很常见，可是它们的前身——石油，究竟长什么样呢？

石油可是个爱臭美的家伙，它的颜色丰富多彩，黄色、黑绿色、黑色……比较常见的是黑色。为什么石油的颜色会有深有浅呢？原来石油中含有非烃类物质，非烃类物质含量越高，石油的颜色就越深。另外，石油的密度、黏度、凝固点等物理性质也与它的化学成分和含量有关。石油中蜡的含量越高，它的凝固点也就越高；反之，凝固点就越低。

石油是可燃的液态状物质，是一种由多种化合物组成的混合物，其中的元素主要是碳、氢，占95%~99%，另外还有氧、氮、硫等。

啊？尸体能变成石油

目前发现的油气田中，99%以上都是在与生物作用有密切关系的沉积岩中发现的，所以大多数人认为石油是由埋在地下的生物尸体变来的。

如果腐烂的生物尸体沉积在浅海海湾或湖泊中，并被大量的泥沙掩埋，那它们在缺氧的环境里，便会被厌氧性细菌分解，尸体中的碳水化合物和含有蛋白质的化合物便会被破坏掉，形成含有丰富有机质的淤泥。地壳的运动，会将淤泥下沉至地下。有机淤泥在缺氧环境和不断加大的温度和压力下，发生复杂的化学变化，渐渐变成石油。

小朋友，你们是不是觉得自然界很奇妙呢？它真是带给我们很多惊喜。

石油是从石头里流出来的吗

刚形成的石油是分散的小油滴，它们喜欢游来游去。依靠地下水的作用，小油滴可以在岩层中游动。由于重力作用和地壳运动的挤压，小油滴会被赶到比较密实的岩层中。它们受到阻挡，只好停下来，越来越多的小油滴在多孔的岩石中慢慢积聚。久而久之，便形成了油田。

油层中的石油就像渗透到海绵里的水一样，渗透在岩石的缝隙中。缝隙越多、越大，岩石里装的石油就越多。所以，石油还真是从石头里流出来的呢！

可以人工制造石油吗

现在的农业、工业等领域都离不开石油，但地球上的石油储量毕竟有限，如果被开采完了，我们的后代还怎么用呀？要是能人工制造石油就好了。

经过检测发现，石油的主要成分是碳和氢，而煤的成分里也有碳和氢，只是煤中的氢含量远远低于石油。既然地球上的煤比较多，那如果能使煤中的氢含量增加，让煤和石油中的碳、氢比例相接近，是不是就能将煤变成石油呢？这一设想在实践中得到了证实。

在煤中加氢，并使其在适宜的反应条件下转化为液体燃料，这叫直接液化；也可以先将煤气化成主要成分是一氧化碳和氢气的合成气体，再将合成气体液化成液体燃料，这叫间接液化。如今，已有许多国家开始将煤液化成人造石油来使用了。

石油能不能种出来呀

我们吃的花生油、玉米油等食用油能在地里"种"出来,那石油可不可以"种"出来呢?

美国化学家卡达文,在历经千辛万苦后,还真找到了许多能"挤"出石油的植物。他把从一种小灌木的树干里流出来的像乳汁一样的东西拿去化验,发现"乳汁"的主要成分就是和石油一样的碳氢化合物,他称这种小灌木为"牛奶树"。后来,人们又发现三角大戟、黄鼠草等植物中也能提炼出石油。人工栽培的杂交黄鼠草,每公顷可出6吨石油呢!

来来来！一起去"人丁兴旺"的金属之家瞧一瞧

人人都希望家里儿孙满堂、人丁兴旺，地球"母亲"也有这样的愿望。这不，金属一族还真如"母亲"所愿，将自己的家族壮大了不少，称其"人丁兴旺"还真不为过，比如铝、铁、铜、锰、铬、钒、钛、锡、锌、汞（gǒng）、金、银等。那金属的"家人"都藏在哪里呢？它们的"脾气"好不好呀？接下来，我们就去参观参观这个大家族吧！

怎样才能找到金属的"家"

金属分布在地球的各个角落，要想找到它们的"家"还真不是件容易的事。但不要泄气，只要有诀窍，找到它们的"住处"也不是不可能。

绝大多数金属是从矿石中提取出来的。想找到它们，最简单的办法就是直接找金属的露头（金属露出地表的部分）。虽然露头很小，但它经过常年的风吹雨打，会慢慢崩碎成矿石或矿砂。这些矿石和矿砂会随流水而散布很广，一旦发现了它们，便可沿着它们的踪迹追寻到金属的"老巢"。

有些金属是完全埋在地下的，不易被发现。这时，我们可以根据一个地区的土壤、泉水、河水等的分析结果，判断出哪些地方含某种金属元素最多，然后再用合适的方法，发现埋在地下的金属。

另外，由于金属的成分各不相同，覆盖于其上的土壤成分也不一样。不同成分的土壤上就会生长出一些特殊的植物，如铜矿区上生长铜草，铀矿附近多生长紫云英……根据这些特殊植物，也可以知道地下埋着什么矿。

"铝大哥"有个宝石亲戚

地壳中的金属元素里,铝的含量较高。铝的分布范围极为广泛,岩石和矿物中都含有一定数量的铝,比如长石、云母、明矾石等都是铝含量较高的矿物。

宝石是颜色美丽、有光泽、硬度高的矿物,它在自然界中的存量很少,自然就非常珍贵。这浑身闪光的宝石竟也离不开铝,它的主要成分是氧化铝。现在人们不仅掌握了宝石的成分构造,还研制出了人造宝石来代替天然宝石。

金属的一些家庭成员

铁在地球上贮量丰富,是地壳中含量第二高的金属元素。人类对铁的应用在铁器时代就开始了。常见的铁矿石有磁铁矿、赤铁矿、褐铁矿和菱铁矿等。

钙在地壳中的含量仅次于氧、硅(guī)、铝、铁,居第五位。钙为人类立下了汗马功劳,如可用于铺路的石灰石、粉刷墙壁的白灰等都含有大量的钙。

有色金属主要是指铁、锰、铬及其合金以外的金属,分布极为广泛。有色金属主要包括重金属(铜、铅等)、轻金属(铝、镁等)、贵金属(金、银等)和稀有金属(钨、钼等)。在云贵高原上,有重要的有色金属矿产区;柴达木盆地的许多盐湖中,埋藏有许多珍贵的金属。

曾被人类抛弃的可怜金属

有些金属很不幸,明明很有价值,却曾经遭到人类的抛弃。幸运的是,人们后来又发现了它们的价值，将它们视为宝贝。

锗（zhě）就是其中之一，它曾被人类遗弃了几十年，后来人们才发现它具有很好的半导体性能，这才又将它拾起，用来制作电子计算机、雷达和辐射探测器等。这个曾被抛弃的家伙一举成名，成为现代电子工业的尖兵。

除锗以外，铯（sè）也曾有此遭遇。人们在发现铯之后，觉得它毫无用处，便将其打入"冷宫"。当人们发现它可以延长电子管的寿命，并能侦察出放射性元素后，才将其迎进"正宫"。

"稀有"金属不"稀有"

在金属这个大家族中，有一个被称为稀有金属的小家族，主要有：钨（wū）、钛（tài）、钒（fán）、锆（gào）、钽（tǎn）、铌（ní）、锂（lǐ）、铍（pí）等。它们虽名为稀有金属，实则并不稀有，有的比普通金属的储量还要多。例如，用火柴就能点燃的金属锆和轻且硬的钛，它们比金、银在地壳中的储量还要高。

之所以称这些金属为稀有金属，是因为它们分散在岩矿里，不易被分离提纯，在过去，制取和使用都很少，故此得名。不过现在，稀有金属的研究与应用发展迅速，其产量也逐渐增多，"稀有"金属已不再稀有。

你了解组成地壳的矿物吗

地壳是由令人眼花缭乱的矿物组成的。矿物是通过地质作用形成的天然物质。它们具有独特的化学成分和物理构造，通常具有晶体结构。世界上有超过 2800 种自然形成的矿物，它们的组成成分既可以是纯元素和简单的盐，也可以是复杂的硅酸盐，这些硅酸盐以成千上万种不同的形式存在。最常见的一类矿物是硅酸盐，它也是大多数岩石的主要成分，占地壳岩石的 95%。硅酸盐是一种含有硅和氧的化合物，例如石英、云母和黏土矿物等。

不好，地球发怒了

轰隆隆，远处传来闷雷声，紧接着，大地开始摇晃。不好，地震了！房屋随即坍塌，大树倒下了，桥梁也断了，路面上出现一道道裂缝……地震是恐怖的，带给人类的伤害也是巨大的。为什么会出现地震呢？难道是地球发怒了？我们能不能预知地震的到来呢？下面我们就一起来认识认识令人恐惧的地震吧！

是鳌鱼在作怪，还是鲇（nián）鱼在捣蛋

从古至今，天灾伴随着人类社会，人力难以与之抗衡。很早以前，人们对地震一无所知，想当然地认为地震是一种很神秘的现象，从而赋予其超自然色彩。在我国民间，就流传着这样一个传说：陆地周围都是水，遨游在水里的大鳌鱼驮载着这个大地。时间久了，鳌鱼也很累，所以它要翻翻身。大地的抖动就是鳌鱼翻身造成的。

在日本的古书上有一段与地震有关的记载。日本人认为，在地底下住着一条大鲇鱼，整个日本就在大鲇鱼的背上。大鲇鱼不高兴时，便会抖抖尾巴，于是日本就会发生地震。人们认为神灵会镇住大鲇鱼，便经常向神灵祈求祷告。

也许我们会觉得当时人们的思想很荒唐，但在科学不发达的古代，人们只能靠发挥自己的想象力来解释地震这一现象，所以，这些说法再离奇都不足为怪。

是地球在发怒吗

地震的危害是相当大的，它会让人们家破人亡，流离失所。坚实的大地为什么会发生可怕的地震呢？

地震一般发生在地壳中。我们知道，地壳内部在不停地变化，因此会产生一种力。地壳内岩层在这种力的作用下，会变形、破裂。破裂处就是大地震动的出发点，也就是我们所说的震源。地震大多发生在地下 70 千米以内，因为离地面越深，温度和压力就越高，岩石就会比较软，便不容易破裂了。

全世界九成以上的地震，都是由地壳运动引起的。因此，地震也是地壳运动的一种表现。

地震时为什么会感觉上下抖动

在 1975 年的辽宁海城地震中，盘山农场的一户人家正在炕上睡觉，他们突然感觉炕向上拱动并崩裂，然后炕上的人都被抛出了窗外。地震时人为什么会有上下抖动的感觉呢？

其实，地震时能量是以波的形式传播的，我们称这种波为地震波。地震波有纵波和横波两种形式。纵波的传播速度较快，而且不管是固体、气体还是液体，它都能顺利通过。所以在地震刚刚发生时，我们首先感到大地上下抖动，这就是纵波的作用。横波不能在气体、液体中传播，而且速度没有纵波快，所以在地震时，稍晚一些才能感觉到大地摇晃。

谁是地震的"报警器"

在地震发生之前，会有一些"报警器"来提醒我们灾难即将来临，我们可以立即做好预防措施。

地声就是在震前发出的类似机器轰隆声或者雷声、炮声等的声音。据说，1855年日本江户（今东京）大地震当天，有个妇女在挖井时听到了从地下传来的爆破似的声音，她随即返

回家中，不久地震便发生了。

地震云是一种形状不定的云，多呈现稻草绳状或条带状，一般出现在凌晨或傍晚。它的出现也预示着地震的发生。1976年我国唐山大地震的前一天，日本九州大学的一位教授，就用相机拍摄下了天空中出现的一条异常的、长长的云彩。经研究，这就是唐山大地震发生的前兆——地震云。

地光是一种色彩斑斓的光，一般出现在震前的瞬间或几小时内，地光出现就预示着地震要来了。1975年2月4日19点36分，一辆列车在接近海城县（今海城市）唐王山站时，司机发现空中闪现出一片蓝光，他立即紧急刹车。车刚停稳，地震便爆发了，列车上的乘客因此躲过一劫。

你了解地震级别吗

细心的你应该留意到，媒体在报道一个地震时经常会说"里氏×级"。其中，"×级"代表地震大小的级别，也就是所谓的震级。震级的大小取决于震源释放能量的多少，释放的能量越多，震级也就越大。

微震是指小于3级的地震，此类地震人们一般是感觉不出来的，但是地震的能量并不等于零。有感地震是指大于3级、小于4.5级的地震，人们可以感觉到。4.5～6级的地震属于中强震，此类地震可以将房屋轻度损坏，少数路面也会坍塌。7～8级的地震属于大地震。8级及以上为巨大地震，比如2008年发生在我国的汶川地震就属于巨大地震。

空心山的"心"去哪儿了

在我国云南省腾冲市境内,有几座特别奇怪的山,这些山都没有"心"。从山顶向下看,里面黑乎乎的,是个大深洞,就像一口大井一样。因为没有心,所以人们称这些山为空心山。空心山是怎么形成的呢?这是不是地球在"发火"呀,它一生气把山的心都给掏空了?当然不是了!下面我们就一起去找找真实的原因吧!

空心山的心到底是被谁掏空的呢

腾冲境内的黑空山、大空山和小空山都是空心山，其中黑空山最为典型。这些空心山的心并非别人给掏空的，而是它们自己将自己的心喷出去的。

这些空心山都是火山，山体呈锥状，山顶的洞口就是火山口，漆黑的深洞则是火山喷发时岩浆的通道。通常火山在喷发停止后，没有喷出的岩浆会将通道填满。之所以出现空心，是因为地层深处的压力过大，把岩浆全部喷出了火山口，通道内没有残留的岩浆，通道也就成空的了。

快看，这儿有一大锅滚烫的"粥"

在非洲有一座海拔3470米的尼拉贡戈山，山顶有一个奇特的暗红色的湖，这个湖的直径约1000米，深约200米，湖中不是水，而是滚烫的岩浆。走近它，你会看到正在翻腾着的湖面，就如一锅沸腾的稠稠的粥一样。

尼拉贡戈山是一座活火山，在近100年内，它喷发过好多次。当地下压力较大时，岩浆会从火山口喷出来，向四处漫流；当地下压力不够大时，岩浆喷不出去，便留在火山口的底部，这就形成了熔岩湖。奇怪的是，世界上有那么多活火山，可是却不是每一个火山口都有熔岩湖。

奇怪！平地怎会长出火山

1943年2月的一天，墨西哥的一位农民正在田里干活。忽然，他听到一阵嘶嘶声，随即又看到地上裂开了缝，一股股黑烟从裂缝里冒出来，并且夹杂着一股硫黄味。后来，裂缝越来越大，一股浓烟从裂缝中腾空而起。这位农民吓得赶紧骑上马，一溜烟儿地跑了。

裂缝更大了，刹那间，巨大的石块噼噼啪啪地从裂缝中喷射出来，其中还夹杂着烟雾和火山灰。24小时内，平坦的田地上矗立起一座50米高的小山；一个星期内，小山竟然长到了100米；1年内，这座山竟然长到了 336 米。第二年，这座火山又来了一次大喷发，熔岩将附近的城市和村庄都吞没了。

原来，在地壳运动时，有的地方的地壳因为太薄，并且存在大的裂缝和空洞，其压力自然也会变小。由于压力减小，地幔的半黏稠物质便会变成黏稠的岩浆。岩浆沿着裂缝和空洞升至地表，便会形成火山喷发。所以，在平地上长出火山并非稀奇的事。

火山爱上了这些地方

小朋友，你们一定想知道，火山主要在哪里出现呢？火山的密集地主要有"四带"：环太平洋火山带、大西洋火山带、地中海火山带和非洲火山带。

环太平洋火山带有"东环"和"西环"两个环带。"东环"有美国的卡特迈火山、墨西哥的帕里库廷火山、智利和阿根廷边境的图蓬加蒂托火山等。"火山之国"——萨尔瓦多也位于此地带。"西环"有俄罗斯的克柳切夫火山、日本的富士山和印度尼西亚的喀拉喀托火山等。

据称，大西洋火山带有60多座活火山；地中海地区现有17座活火山，世界著名的维苏威火山和斯特朗博利火山都在那里；非洲火山带共有24座活火山，仅东非大裂谷带上就有19座，火山口有熔岩湖的尼拉贡戈火山就位于此地，中非地区也分布有少许火山。

为什么有些国家喜欢在火山附近建造城市

火山爆发给人类带来的灾难是沉痛的,被火山吞没的城市和人也是非常多的。可偏偏就有些国家喜欢在火山附近建造城市。说来也怪,这些城市竟然也人口众多,繁荣兴旺。其中日本、印度尼西亚等国家就是典型的例子。火山附近有什么值得他们留恋的呢?

原来,火山灰是一种优质的肥料,将其撒在田地里,土壤就会变得肥沃,种出来的农作物就会获得丰收。比如埃特纳火山附近就盛产柠檬、葡萄等水果。另外,火山灰还可用来制造水泥,火山喷出的岩石也是很棒的建筑材料,火山地区还富有金、金刚石等矿藏。

火山多的地方,温泉也不会少。在火山附近开发出温泉后,不仅每天都有热水,还节省了不少燃料呢!

雷电真是雷公和电母在"作法"吗

传说中，雷电就是雷公和电母作法的结果，只要他们拿起神器，再念起咒语，天空就会出现一道道闪电，几秒钟后，轰隆隆的雷声便响彻云霄。当然，雷公、电母只存在于神话故事中。那闪电和雷声究竟是怎么产生的呢？雷电对人类有什么作用呢？它会不会危害人类呢？小朋友，想知道答案的话，咱们就一起去研究一下雷电吧！

雷电是怎样产生的

在下雨之前，尤其是在夏季下雨之前，经常会有电闪雷鸣的现象发生，那雷电到底是怎么产生的呢？

原来，雷电一般产生于我们看到的浓厚的云层中，云层的上部有冰晶等物质，它们会在空中来回翻腾，不断运动，使云层产生复杂的电荷。总体上看，云层的上部主要带正电荷，下部主要带负电荷。这样，云层的上、下部之间便会形成一个电位差。当电位差达到一定程度后，就会发生放电的现象，也就是我们所说的闪电。在放电的过程中，闪电通道的温度会急剧增加，空气也会随之突然膨胀，发出巨大声响，这就是雷鸣。

其实，闪电和雷鸣是同时发生的，但是光在空气中的传播速度比声音快得多，所以我们一般会先看到闪电，再听到轰隆隆的雷鸣声。

恐怖的雷电

每时每刻,世界上都约有1800个雷电交加正在发生,平均每秒钟有100次雷击降临地球。全世界每年有4000多人惨遭雷击,其中约150人会因此丢掉性命。

雷电不仅会让人丧命,而且还会击倒高大的烟囱,使架空的电线短路,甚至引起森林大火。另外,

有的雷雨天气还会伴随冰雹、龙卷风等灾害。为了减轻或避免雷电造成的损失，美国研制出了一种叫"火箭诱雷触发器"的装置，用它可以及时消除雷电。

在雷电发生时，要尽量避免外出。如果恰逢在外面，千万不要到树底下躲雨，更不要使用手机。否则，雷电就有可能盯上你，万一被它盯上，就要倒霉了。

雷电对人类有用处吗

雷电除了给我们带来巨大的灾难外，有时也会为人类作出一些贡献。

雷电会使空气中的氮气和氧气发生化学反应，生成一氧化氮。一氧化氮经过一系列反应和变化后，落到地面上就变成了硝酸盐，这可是非常优质的肥料哦！所以雷电被有些人称为"天然化肥厂中的工程师"。

你见过黑色的闪电吗

闪电在我们的印象中一般都是明亮耀眼，呈银白色的，可你知道吗，地球上竟然还有黑色的闪电呢！

1974年6月的一天，一场大雨袭击了苏联的扎巴洛日城。开始时是强烈的球状闪电，不一会儿，在它后边飞过一团黑色闪电。这个黑色闪电像一团黑色的雾状凝结物，其周围有一圈深棕色的光环。它的身后，还有一片淡红色的阴影。渐渐地，黑东西变成了大火球，不久便轰然爆炸了。

原来，空气中的溶胶粒子在种种因素的作用下会形成气溶胶聚集物。当气溶胶聚集物中掺杂了易燃的化学分子后，就会燃烧或爆炸，生成黑色闪电。黑色闪电危害很大，不管是人还是其他物体，只要碰到它，便会马上燃烧起来。要是飞机碰到它，还会立刻爆炸呢！

你知道雷电经常出没的地方在哪儿吗

印度尼西亚的小城茂物因备受雷电的青睐,而被称为"世界雷都"。茂物距离赤道很近,多为炎热天气,而雷电刚好喜欢在炎热的夏天出现,所以雷电经常光顾这个小城。据统计,茂物一年中约有322天电光闪闪,雷声隆隆。

我国南方的雷州半岛也经常遭受雷电的袭击。海南省的儋(dān)州市是我国遭遇雷电最多的地方,平均每年约有130天都是雷声隆隆的,即使在冬季也能听到阵阵雷声。

谁是**地球**的"美容医生"

我们的地球家园上有一望无垠的绿绿的草原,"飞流直下三千尺"的瀑布,巍峨雄壮、连绵起伏的山脉,汹涌奔腾、大浪淘沙的大海,还有清澈见底的涓涓细流……真是太美了!你可不要以为地球原本就是如此,它现在的美貌可是"美容"后的效果。那是谁的巧手将地球修整得如此美丽呢?下面我们就一起去找找它吧!

地球真是"满脸皱纹"吗

虽说地球上的万物美妙绝伦，千姿百态，可地球表面可不太招人喜欢哦！地球表面除了大面积的海洋之外，其他部分看上去皱巴巴的，就像老奶奶脸上的皱纹一样。因此，也有人说地球像个"皱巴巴的苹果"。那为什么地球的表面有这些褶皱呢？

对于地球的这副"尊容"，有人提出一种地球的形成假说——收缩说。此观点认为，地球上本来都是炽热的气体，但后来热量不断散发，它便变成了熔融状态，随后它的外壳又成了固体的地壳。热量继续散发，温度继续下降，地壳便开始收缩，其内部便出现了空隙。而重力的作用又使地壳下陷，从而产生了褶皱和断裂，最终其表面便成了山峦起伏、高低不平的褶皱状。

因为此观点看起来很有道理，而且人们也从地下找到了证据（比如温泉、岩浆等），再加上地球的外表的确很像一个皱巴巴的苹果，所以有许多人相信此说法。

风儿能给地球"美容"吗

在地球的众多"美容医生"中,风是其中之一吗?

风有一个十分要好的朋友——沙石,它们经常一起"旅行"。在我国西北部,狂风最喜欢将细小的沙粒吹到半空,和它一起四处游荡。当风跑累了,沙粒也会和它一起停下来歇息,这时地面上便会出现一

个个小沙丘。当狂风再路过此地时，沙丘又被吹散，细小的沙粒又会在另一个地方安家。通常，沙丘会把家固定在有障碍物的地面上，比如有植物根茎的地方。风将沙粒带走了，原来的地面则会露出大片的岩石，成为一片石质的荒漠，叫戈壁。

我国新疆西北部的"魔鬼城"里有高大的"城垣"和大小相似、错落有致的"建筑物"。"魔鬼城"又叫乌尔禾风城，大约在1亿多年前由于地壳运动而形成的沉积岩山丘，经暴雨冲刷，狂风暴蚀，逐渐变成了千姿百态的怪石。每到春秋两季，当狂风大作时，城堡里便会传出阵阵怪异的声音。而这恐怖的怪声也是风的杰作。

唉，我们真不愿看到风儿这样给地球"美容"。

河流给地球"打扮打扮"

河流自古以来就被人们看作是生命的发源地，比如尼罗河和黄河分别孕育了古埃及和中国。其实，河流不仅照顾着地球上的生灵万物，而且还承担着打扮地球的重任呢!

一些山区的河流看似有头无尾,河水流着流着便躲到地下去了。原来它们碰到了和地下相连的洞穴或地下通道,就钻进去形成了地下河,所以人们便看不到它的尾巴了。不过有些河流在地下发现有通往地表的通道后,便会钻出地面。当然,也有一些经常钻上来、钻下去的河流。

世界上有大面积的平原,其中许多都是冲积平原,比如我国的东北平原、长江中下游平原等,这些广袤、肥沃的冲积平原的形成可都有河流的功劳哦！

美丽的溶洞是谁的杰作

我国桂林的七星岩溶洞、美国的猛犸洞都是极为美丽的岩溶洞穴，地球上这些如此美丽的景致正是地下水这位雕塑家的杰作。

在石灰岩广布的地区，地表水中溶解了大量二氧化碳后，便变成了酸性水。这种酸性水在沿着岩石表面和裂隙流动时，也在溶蚀着岩石，将岩石腐蚀出许多小沟槽。久而久之，沟槽越来越大，便形成漏斗状的凹地。凹地的底部大多有直立的岩洞，酸性水便会流入洞中继续溶蚀分解岩洞。时间一长，就会在地下形成一些大大小小奇形怪状的溶洞。

小朋友，这下你们知道地球的"美容医生"都有谁吗？

"土"是怎么来的

可以说，没有土，便没有粮食和水果、蔬菜，我们人类也难以存活。那你知道我们不可缺少又极常见的土是从哪儿来的吗？

其实，原来的地球上并没有土，只有许许多多的岩石。当毒辣辣的阳光照到岩石上时，岩石便会使劲地膨胀；到了夜晚，温度下降，岩石便会收缩。就这样，岩石在一天天、一年年地膨胀收缩、收缩膨胀中度过。终于有一天，岩石承受不住这种煎熬了，它的身体出现了小小的裂缝。后来，裂缝越来越大，坚硬的岩石便一层层地剥落了。最后，岩石剥落成很细很小的微粒，这些微粒在各种形式的外力作用下，被搬运到适当的环境沉积下来，就形成了土。当然了，从岩石变成土可不是件容易的事，这是一个极为漫长复杂的过程。

是不是给地球起错名字了

转动地球仪仔细看看，我们不难发现它上面有大片大片的蓝色区域，这些蓝色区域就是海洋。此时你可能会问，地球上绝大部分都是海洋，那为什么不叫地球为"海球"或者"水球"呢？称其为"地球"是不是有点名不副实？下面我们就去好好认识一下海洋，并讨论一下关于地球名字的问题吧！

称地球为"水球"也不为过

到目前为止,人类发现只有地球上才有海洋。而正因为有了海洋,地球上才有了生物(目前普遍认为最早的生物诞生于海洋中)。地球上的水有97%为海水(地球上海洋的水量约有13亿立方千米),另外3%存在于冰川和江河湖泊及地下。

地球上海洋的总面积约为3.6亿平方千米,约占地球表面积的71%。这样来算的话,人类居住的陆地还不到地球面积的3/10呢!看来,我们真不该叫它"地球",而应该称其为"水球"才对,这样才名副其实嘛!

潮涨潮落为哪般

我们在海边游玩时,都喜欢在海滩上捡拾贝壳。贝类不是生活在海里吗?为什么贝壳会出现在海滩上呢?原来,在海水涨潮时,海浪便会涌向沙滩,过些时候,海水又会悄悄退回海洋,沙滩就重见天日了。海浪在退回时，会将海洋里的漂亮贝壳留给沙滩。

海水的涨潮和落潮是有规律的，我们将白天海水的涨落称为潮，夜晚海水的涨落叫作汐，两者统称为"潮汐"，潮汐现象的周期平均约为12小时25分钟。那你知道造成这种有规律的潮汐现象的原因是什么吗？

原来，地球上的陆地和海洋都受着太阳和月亮的引力作用，但是这种引力在陆地上的表现不明显，而海洋中的海水则会向吸引它的方向涌流，所以海水才有涨有落。虽然月亮的质量比太阳要小得多，但它离地球非常近，所以引起海水潮涨潮落的力量主要是月亮的引力。

是谁惹怒了海洋

2004年12月26日，苏门答腊岛爆发了9.3级大地震，海面上掀起30多米高的海浪，海浪冲上两岸的陆地，将田地淹没、房屋损毁，30多万人在此次灾难中丧生。

这就是我们平时所说的海啸。当海底火山爆发或发生海底地震时，海水会形成巨大的涨落和波浪，并且伴随有巨响，这就形成了海啸。海啸具有强大的破坏力，是地球上最强大的自然力之一。另外，引起海啸的因素可能还有海底滑坡、海中核爆炸、台风和强大的寒潮等。

海底真有龙宫吗

在一些神话传说中，龙王在海底建有漂亮的龙宫。其实我们知道，海里根本没有龙，当然更没有龙宫了。不过海底的景观还是非常壮观的，丝毫不逊色于陆地。海底的地形变化甚至比陆地还要复杂呢！海底有雄伟的高山，有深邃的山谷，有凹陷的盆地，也有平坦辽阔的平原……

高大的海岭巍然屹立于海底，有的竟然有十几千米高，15000多千米长，简直比喜马拉雅山还要雄伟；在海岭的两旁则是一片片的深海平原，这些平原比大陆平原还要广阔,还要平坦;海沟分布于大洋的边缘,其深度一般在6000~11000米。除了这些,海底还有许多低矮的小山丘、平地而起的高原、巨大的珊瑚礁、排列规则的火山……真是无所不有啊!

海和洋是一回事吗

我们经常会说"海洋",那海和洋是一个概念吗?为什么我们喜欢将它们连起来读呢?

其实,海和洋并不是一个概念,但是它们又互有关联。

洋是海洋的中心部分,是海洋的主体。在海洋总面积中约89%都是大洋。大洋距离陆地很远,几乎不受陆地的影响,其水色蔚蓝透明,含杂质较少。世界上的大洋共有4个,分别是太平洋、印度洋、大西洋和北冰洋。海则是大洋的附属部分,在大洋的边缘,其面积约占海洋的11%。其水深较浅,且临近大陆,受大陆影响比较大,其水色浑浊,透明度差。

海和洋的水面相连,我们很难在它们之间找到明显的分界线,所以海和洋称呼上往往是不分家的。

为什么会有 白天和黑夜

小朋友，你有没有这样的烦恼：当你正和小伙伴玩得起劲时，妈妈却来喊你"宝贝儿，天黑了，该回家了"，此时的你一定会有点不高兴，天要是晚点儿黑就好了；当你在热乎乎的被窝里睡得正香时，妈妈却来拍你的小屁股，说"宝贝，天亮啦，该起床喽"，这时你心里可能会想，黑夜要是长一点儿就好了。是呀！为什么会有白天和黑夜之分呢？要是白天和黑夜都能长一点儿，我们就可以玩个尽兴，也可以睡个大懒觉了。现在，我们就去找找白天和黑夜的小秘密吧！

昼夜是怎么产生的

我们知道，地球每时每刻都在绕着地轴自西向东自转，自转一圈要24小时，也就是一天。太阳只能照到地球的一半，被照到的地方就是白天，照不到的那一半就是黑夜。地球不停地自转，白天和黑夜也就会轮流出现了。

如果你觉得这种解释太抽象，不好理解的话，可以拿出你的地球仪来验证一下。在地球仪的旁边放一个亮着的灯泡，它就相当于太阳。然后你转动地球仪，看看灯光是不是只能照到地球仪的一半？地球上昼夜交替的道理就是如此！

人们将被照亮的那一半称为昼半球，没被照到的那一半就是夜半球了。所以，白天的时候我们位于昼半球上，黑夜的时候我们则位于夜半球上。

太阳为什么会东升西落呢

爱提问题的小朋友一定会问，为什么每天的太阳都是从东边升起，到了傍晚又从西边落下呢？这是不是太阳在转动呀？当然不是了，这是地球自西向东自转的结果。

这个问题也可以通过地球仪来找出答案。你先将亮着的灯泡固定在地球仪的一旁，然后你在地球仪上标注一个点，之后再转动地球仪，但是要自西向东转动，也就是从北极上空看逆时针旋转。这时你就会发现，不管你将灯泡放在地球仪的哪一个方向，总是标注的那个点的东方先出现光亮，所以在地球上的人们看到的太阳都是东升西落。

白天和黑夜能不能都长点呀

在地球的南极圈和北极圈会出现长时间是白天或黑夜的现象。我们将长时间是白天的现象称为极昼，长时间是黑夜的现象称为极夜。当南极圈是极昼的时候，北极圈则是极夜；反之亦然。那为什么会出现这么奇怪的现象呢？

极昼和极夜的形成，是由于地球在沿椭圆形轨道绕太阳公转时，还绕着自身倾斜的地轴旋转造成的。因为地球倾斜着身子，所以当地球从春分日公转到秋分日期间，无论它如何自转，北极点会一直朝向太阳，所以就出现极昼了。而此时的南极点却一点阳光都没有，自然就一直是黑黑的夜晚了。你将电灯泡放到地球仪的北极方向，看看地球仪的北极是不是一直亮堂堂的，而南极却黑乎乎的呢？

也许此时你会想了，要是能到南极点和北极点就好了，就可以看到"不落的太阳"和"永远的黑夜"了。但是，北极点和南极点是很冷的，小心冻坏你的小手和小脸哦！

为什么朝阳和夕阳都是红色的

早上和傍晚的太阳是最好看的，红彤彤的，且不像中午的太阳那么耀眼，所以好多人喜欢看美丽的日出和日落。那你想过没有，为什么朝阳和夕阳都是红红的呢？

其实，太阳光是由红、橙、黄、绿、靛、蓝、紫7种颜色组成的，当这7种颜色聚集在一起同时射入我们眼中的时候，就会呈现出白色的光。中午时，太阳光到达地球的路程较短，7种颜色的光都能透过大气，太阳光看上去就是白色的了。早晨和傍晚时分，太阳光到达地球的路程较远，黄、绿、靛、蓝、紫这几种光几乎都被大气层吸收或散射了，所以它们就到不了地面了。而红色和橙色的光却能冲破大气层的阻挡到达地面，所以我们便会看到红色的朝阳和夕阳。其实，在大雾天或当大气中的杂质很多的时候，太阳光也是红红的哦！

暴躁的家伙，说翻脸就翻脸

天降暴雨或冰雹会使农作物受害，台风的出现会给人类带来巨大灾难，大雾天气会给人们的出行带来不便……雨、冰雹、风、雾等就是我们常常说到的气象。气象是大气运动和变化的结果，它与人类的生活息息相关。那这些常见的气象是怎么回事呢？下面就让我们一起去找寻答案吧！

风来自何方

秋风使树叶来回摆动,使湖水微波荡漾;台风可以掀掉人们的屋顶,甚至可以将大树连根拔起……风是怎么形成的呢?

原来,是空气不停地运动产生了风。由于地球上每个地区的温度不同,气温高的地区气压低,气温低的地区气压高,高气压地区的空气便会跑向低气压地区。大气的这种水平运动便形成了风。当然,风的形成原因还有许多,这只是其中最主要的一个。

千姿百态的云

天空有时万里无云,有时白云朵朵,有时又布满乌云。云是怎样形成的?为什么它有时出现、有时又隐藏起来呢？

我们知道地球表面有许多水，水在经过太阳的照射后会形成水蒸气，并且散发到空气中。水蒸气到了高空后会聚集在空气中的微尘周围，和它成为一体，这就是我们看到的云。由于组成云的小水滴又小又轻，因此其下降速度极为缓慢。而且在降落的时候又会被空气中的上升气流抬起来。所以它们才会成片地飘在空中。

我们常见的云一般是白色或乌黑色，但有些云还会呈红色和黄色，这又是怎么回事呢？其实，天上的云都是白色的，但云层有厚有薄，当阳光照射到不同云层时，它们便会呈现出不同的颜色啦！

雨和雪的不解之缘

小朋友大多都不喜欢雨，却非常喜欢雪。因为雨天出行很不方便，而下了雪却照样可以不打伞，还可以打雪仗、堆雪人！可是雪也可以融化成雨，那雨和雪是不是一样的东西呀？它们都是怎么形成的呢？

我们已经知道云里有许许多多极其微小的雨滴，但是这些雨滴太小了，在半空中就会蒸发，它们不可能自己降落到地面上。不过众多的小雨滴经常在云里碰撞，这样它们便可以汇聚成一个大雨滴。雨滴越来越大，自然也就越来越重，最后空气托不住这么重的雨滴了，大雨滴就从云中落了下来，形成了降雨。雪和雨的形成过程是一样的，但只有当云中、空气中，以及地面上的温度都低于0℃时，云中的小水滴才会冷凝成冰晶或雪花，降落到地面上形成降雪。

天上砸下来一个个冰块

天上下雨、下雪也就罢了,为什么有时候还会下冰块呢?而且有时候冰块非常大,还能将人的脑袋砸个包呢!这个冰块就是我们所说的冰雹,那冰雹是怎么形成的呢?

云的内部包括三个层次:云体的上部是冷云,温度在 0℃ 以下,但并未冻结,由冰晶、雪花等组成;云体的下部是暖云,温度在 0℃ 以上,由水滴组成;云体的中部则是冰水混合物,这里既有水滴又有冰晶、雪花,冰粒就是由这里的冰晶凝结而成的。当冰粒与水滴、冰晶、雪花碰撞时,体积便会越来越大,分量也越来越重。当云中的气流托不住它的时候,冰粒便从云中降落到地面上,这就是我

们所见到的冰雹。

冰雹的形成还需要强烈的对流，夏季时，高空和低空的气温有很大差别，大气的上下气流便会"针锋相对"，彼此碰撞。所以，冰雹大都是在夏季出现。冬天时，大气的对流不太强烈，所以在冬天是很难见到冰雹的。

你知道雪的形状和颜色吗

在我国北方，冬天经常能见到雪，但想必大家都没太注意过雪的形状。至于雪的颜色，你一定会说：雪肯定是白色的了。那全世界的雪都是如此吗？

雪的形状多种多样，常见的有柱状、针状、片状、星状和枝状。雪的颜色一般呈白色，但有时也会出现红雪、黄雪、黑雪、绿雪等，这是特殊的环境和条件造成的。

春夏秋冬，性格迥异的"四兄弟"

今天要说的这四兄弟就是我们都熟悉的四季。小朋友都知道，四季是指春、夏、秋、冬四个季节，也都知道四季中春季和秋季是最为舒服的，既不冷也不热；夏季时，阳光炙烤着大地，把我们都晒蔫儿了；冬季就更难熬了，到处冰天雪地的，把我们的小脸都冻坏了。那你们想过没有，为什么会有四季的变化呢？而且这"四兄弟"的"性格"为什么会相差这么大呢？接下来，咱们就去找找答案吧！

谁让地球上有了四季

季节的变化是地球围绕太阳公转的结果。地球公转的方向与自转方向一致，也是自西向东，公转一周的时间是一年。

地球绕太阳公转的轨道是椭圆的，并且其公转轨道位于一个平面上，这个平面叫作黄道面。黄道面与地球自转的赤道面之间有一个夹角，这个夹角就是黄赤交角，这个夹角所对应的区域就是太阳直射点在地球的移动范围。因为地球在不停地绕太阳公转，所以每时每刻，它都处在公转轨道的不同位置。这样，地球上各个地方接受的太阳光照就会不同，也就产生了温度和气候上的变化，从而形成了四季。

"四兄弟"是怎么分家的

四季的划分方法因依据不同而有所差异。下面以气候特征为依据划分。

在北半球，每年的3月~5月为春季，6月~8月为夏季，9月~11月为秋季，12月~次年2月为冬季。南半球的各个季节的时间恰恰与北半球相反。当南半球是夏季时，北半球正是冬季；反之，当南半球是冬季时，北半球则是夏季。

这"四兄弟"关系特别好，它们之间并没有明显的界限。所以，季节的转换是逐渐进行的，并不会一下子就进入另一个季节。

为什么夏天白天长，而冬天黑夜长呢

解释这个现象之前，我们先了解一下回归线。回归线分南回归线和北回归线，南回归线指南纬23.5°的纬线，是阳光直射点在地球上所能到达的最南端；北回归线指北纬23.5°的纬线，是阳光直射点在地球上所能到达的最北端。

当北半球是夏天的时候，太阳直射点在北回归线附近，这时太阳照射北半球的时间就会很长，所以白天的时间也就很长。在夏至这一天，太阳直射

北回归线，所以这一天，北半球白天的时间是最长的。当北半球是冬天时，太阳直射点在南回归线附近，太阳照射南半球的时间很长，而照射我们北半球的时间很短，所以冬天的时候，北半球白天时间短，黑夜时间长。冬至太阳直射南回归线，这一天是北半球一年中白天最短、黑夜最长的一天。在春分和秋分时，太阳正好直射赤道，所以这两天白天和黑夜的时间是一样长的。

海南岛为什么没有寒冷的冬季呢

根据温度的不同，可将地球分为热带、温带和寒带。热带主要是指位于南、北回归线之间的地带；温带是指回归线与极圈之间的地带；寒带是指南北半球极圈以内的高纬度地带。

四季的交替现象在温带地区表现最为明显，寒带与热带地区则没有明显的四季交替。比如南极和北极地区都属于寒带，一年四季都非常寒冷；赤道地区属于热带，一年四季都极为炎热。我国的海南岛属于热带地区，最冷的时候温度也会在5℃以上，全年平均气温为26.5℃，所以海南岛是一个"四时常花，长夏无冬"的地方。

地球上的神秘地带

小朋友，偌大的地球真是无奇不有，总是给我们出好多难题。虽然现在的科学如此发达，但在有些谜团面前，人们还是显得很无知。想必爱探索、爱思考的你们也会对这些谜团感兴趣，下面咱们就去看看这些未解之谜吧，说不定几年之后，你们就会揭开这些谜团的神秘面纱呢！

车子自己会上坡吗

我们骑车的时候都喜欢下坡路，这样不用用力蹬车，车子就会跑得很快。在辽宁省清水台镇的寒坡岭却有一个有悖于常理的"怪坡"。这个怪坡上坡轻松，下坡却很费劲。

1990年5月的一天，一个司机驾驶一辆面包车路过寒坡岭时，停车去一旁休息。当他回来后却发现，已熄火的面包车自己从坡底开到了坡顶。人们闻讯后纷纷赶来凑热闹，也有人试验了一下：在这个怪坡上行驶时，上坡的时候即使熄火也可以到达坡顶，而下坡时却必须加大油门才可以到坡底。骑自行车也是如此。

见过河水爬山吗

我们都知道"水往低处流",可是在我国新疆西南部的克孜勒苏自治州境内就有一条往山坡上流淌的小河,当地人称它为"什克河"。什克河呈南北走向,河水从上游的低洼处沿着小山坡,像一条小蛇一样爬到了十几米高的山坡上,之后又从山坡的另一侧流向下游。

对于以上这反常的现象,有许多说法,有人说这是"磁场效应",有人说这是"视差错觉"……但是这些说法都没有合理的依据。

南极的湖水怎么不结冰

我们知道南极和北极位于寒带,常年被积雪覆盖,温度一般都会达到-50℃。可是在这样天寒地冻的地方,却存在着几个不冻湖。不冻湖的湖水和其他地方的湖水并无两样,且科学家考察后,发现不冻湖的周围也没有任何火山存在的迹象,那这些湖

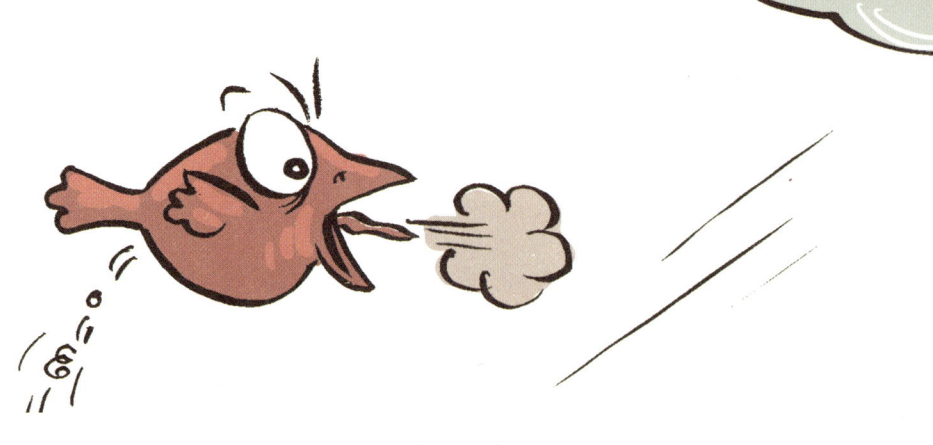

水为什么不结冰呢?真是奇怪至极。

有些人认为,不冻湖的下面可能有个大温泉,将不冻湖周围的温度提高了,冰就融化了;还有些人认为湖水是因太阳照射而保持温度的。不过这些说法都没有得到验证。

船和飞机跑哪儿去了

在百慕大三角海域,曾发生过许多离奇的事件,令人百思不得其解。

1818年,英国轮船"奥斯汀号"和另一艘船路过百慕大三角海域时,海上突然飘来阵阵浓雾,能见度极低。过了几天,大雾散去后,跟随"奥斯汀号"的另一艘船竟消失了。1935年,一艘船

进入百慕大三角海域后，所有船员都离奇地失踪了。不久，船也沉入了海底。后来的几十年中，先后有几十架飞机、上百艘船只和千余人在这里神秘消失。百慕大三角海域也一度被人们称为"魔鬼三角区"。

直到今天，还有很多人为类似的离奇事件而着迷。

为什么人掉到死海里不会沉下去

死海，位于以色列、巴勒斯坦和约旦之间，是世界上最低的湖泊。在死海里，人可以像一块木板一样浮在海面上，而不会沉下去。这是怎么回事呢？这是因为死海的海水含盐量很大，要比一般海水的含盐量大七八倍，这使得海水的密度很大，密度越大浮力越大，所以人能浮在海面上而不会沉下去。

小测试

1. 地幔的主要成分不包括什么呢?

    ① 硅　　　② 氧

    ③ 铁　　　④ 水

2. 被称为"黑色金子"的是哪种物质?

    ① 煤　　　② 木耳

    ③ 霉菌　　④ 石油

3. 谁发怒时天上会掉冰球?

    ① 火山　　② 地球

    ③ 外星人　④ 宇宙